Eine kleine Modifizierung der speziellen Relativitätstheorie

Impressum:

© 2017 Mada Albis

Layout: Angelika Fleckenstein; spotsrock.de

Verlag: tredition GmbH, Hamburg

ISBN:
978-3-7439-4931-7 (Paperback)
978-3-7439-4932-4 (Hardcover)
978-3-7439-4933-1 (E-Book)

Das Werk, einschließlich seiner Teile, ist urheberrechtlich geschützt. Jede Verwertung ist ohne Zustimmung des Verlages und des Autors unzulässig. Dies gilt insbesondere für die elektronische oder sonstige Vervielfältigung, Übersetzung, Verbreitung und öffentliche Zugänglichmachung.
Bibliografische Information der Deutschen Nationalbibliothek: Die Deutsche Nationalbibliothek verzeichnet diese Publikation in der Deutschen Nationalbibliografie; detaillierte bibliografische Daten sind im Internet über http://dnb.d-nb.de abrufbar.

Mada Albis

Eine kleine Modifizierung der speziellen Relativitätstheorie

Hat Einstein sich geirrt?

Inhaltsverzeichnis

Eine kleine Modifizierung der speziellen Relativitätstheorie 7

Einleitung 7
Die Untersuchung von Albert Michelson 11
Michelsons Untersuchung nach der SRT 20
Licht als Teilchen und die Michelson-Untersuchung 25
Der neue Energiesatz für Photonen 27
Die Abhängigkeit der Lichtgeschwindigkeit
von der Lichtfrequenz 29
Licht als Welle und Licht als Teilchen – Auswertung 31
Eigenlebensdauer der Photonen und der Neutrinos 33
Das Zwillingsparadoxon 35
Begriffserklärungen 41

Das neue Gravitationsgesetz 45

Abhängigkeit der Lichtgeschwindigkeit von der
Gravitationsfeldstärke 45
Materie aus Licht 49
Auswertungen 65
Die Lage der Photonen 67
Begriffserklärungen 69

Die kalte Fusion 71

Daten und Angaben des Erfinders 77
Begriffserklärungen 78

Eine kleine Modifizierung der speziellen Relativitätstheorie

Einleitung

Die Europäische Organisation für Kernforschung CERN verkündete im September 2011, dass bei einer Untersuchung – Projekt OPERA die Lichtgeschwindigkeit überschritten worden sei. Man wiederholte unzählige Messungen, und man konnte dieses Phänomen nicht erklären. Selbst, wenn nach hinein CERN einen technischen Fehler als Ursache dafür nennt, ist das Problem nicht aus der Welt. Das war nämlich nicht das erste Mal, dass dieses Problem auftaucht. Messungen nach der Supernova Explosion im Jahre 1987 ergaben ähnliches, allerdings in viel kleinerem Masse. Und es gab auch andere, Messungen mit ähnlichen Ergebnissen, wie die von CERN.

Die Messungen von CERN zeigten, wie es aussieht, dass Neutrinos (0), die Lichtgeschwindigkeit überschritten, was die Grundlagen der modernen Physik, insbesondere der speziellen Relativitätstheorie von Albert Einstein, infrage stellt. Um sich näher mit dieser Problematik zu befassen, sollte man erneut die Entstehungsgeschichte der speziellen Relativitätstheorie, kurz SRT, analysieren. Zwischen den Jahren 1861 und 1864 formulierte James Clerk Maxwell die, nach ihm genannte, Maxwell'schen Gleichungen. Sie beschrieben die elektromagnetischen Phänomene, bis hin zu zum Schlussfolgerung, dass das Licht eine elektromagnetische Welle ist und sich mit einer konstanten Geschwindigkeit in einem Medium, Äther (1) genannt, verbreitet. Leider wurde somit das Ätherbezugssystem (2) zu einem Hauptbezugssystem, was in Widerspruch zu den Grundsetzen der klassischen Physik steht. In der klassischen Physik sind nämlich, seit Galilei, alle Bezugssysteme, die sich mit konstanter Geschwindigkeit im Bezug aufeinander bewegen, gleich berechtigt. Das ist eben das Relativprinzip. Jetzt haben wir jedoch den Äther als Hauptbezugssystem. Um sich hier Klarheit zu verschaffen führte man Untersuchungen zur Messung der Erdgeschwindigkeit im Äther durch. Ausschlaggebend war das Michelson-Morley-Experiment, nach dem man leider feststellen musste, dass die Erde sich im Äther entweder nicht bewegt, oder man kann das nicht messen. Oder, so interpretierte es Einstein, es gibt kein Äther. Das Ergebnis der Untersuchung war: die Lichtgeschwindigkeit ist gleich, unabhängig von der Erdbewegung im Äther. Einstein verstand es so: die elektromagnetische Welle braucht kein Medium, und verbreitet sich einfach im Vakuum. Die Schlussfolgerungen darauf waren: das Licht verbreitet sich mit gleicher Geschwindigkeit, unabhängig vom Bezugssystem. Daraufhin ist die SRT entstanden, mit allen, scheinbar absurden Konsequenzen, wie z. B. die Zeitverschiebung (4).

Die Lichtgeschwindigkeit c ist Konstant unabhängig vom Bezugssystem und c- kann nicht überschritten werden, wurden zu den Hauptaxiomen der modernen Physik.

Die Vorläufer von Albert Einstein, was die SRT angeht, waren: Hendrik Antoon Lorentz und Henri Poincaré.

H. A. Lorentz lieferte noch vor der SRT seine Lorenz Transformation, mit der er sowohl das Relativität Prinzip, als auch die Maxwell'sche Gleichungen, mit dem Äther, rettete. Dazu führt er als erste, auch mit Berechnungen, die Längenkontraktionshypothese, und den Ortszeitbegriff ein, einschließlich das Geschwindigkeitsadditionstheorem, was von Einstein dann übernommen wird. Er ist also der erste, der auch mit mathematischen Berechnungen, den starren Raum, mit dazu zugehöriger Zeitkoordinate der Newton'schen klassischen Physik, in der alten Form aufgibt, oder ihm relativiert. Er sieht dennoch nach wie vor den Äther als Hauptbezugssystem, dennoch ist bei ihm die Lichtgeschwindigkeit c konstant in allen Bezugssystemen.

H. Poincaré ging etwas weiter, wollte aber den Äther ebenso nicht aufgeben. Er schrieb über „Unmöglichkeit der Messung von absoluten Geschwindigkeit". Es gibt den Äther, man kann ihn aber nicht als Bezugssystem benutzen. Er ist auch der Pionier der Kritik von der Gleichzeitigkeit in beweglichen Bezugssystemen, was Einstein auch übernimmt, oder unabhängig fordert. Außerdem entdeckte er einen Zusammenhang zwischen der elektromagnetischen Masse und Energie melm = E/c^2.

Einstein dagegen verzichtet gänzlich auf den Äther, es gibt kein Hauptbezugssystem, alle sind gleichberechtigt. Er stellt auch fest, was Poincaré nicht gelang, nämlich dass Materie bei Energieabgabe an Masse verliert, und erklärt Masse und Energie für äquivalent, nach der gleicher Formel wie die von Poincaré, nämlich: $E = mc^2$, was auch die Vorstellung der elektromagnetischen Masse überflüssig machte. Er übernimmt aber vor allem von Lorentz das Wichtigste, nämlich, dass die Lichtgeschwindigkeit c in allen Bezugssystemen konstant ist.

Von der Richtigkeit her sind beide Theorien, die von Lorenz und die von Einstein gleichberechtigt. Am Anfang bezeichnete man sogar die Relativitätstheorie als Lorentz-Einstein-Relativitätstheorie. Die SRT von Einstein setzte sich, als die bequemere, bessere durch.

Ist die SRT von Einstein nach der CERN-Messung noch gültig?

Die Antwort auf die Frage lautet: Sie ist nach wie vor gültig, wird allerdings etwas modifiziert werden müssen. Der Fehler von Einstein war wo möglich der, dass er die Lichtgeschwindigkeit für eine Asymptote (5) hielt, die tatsächlich nicht überschritten werden kann, und nicht für eine Geschwindigkeit, die an ihr am nächsten dran ist.

Dieser Fehler ist insoweit verständlich, dass man damals die SRT noch nicht hatte, und, was daraus folgt, solche relativistischen Phänomene (6), wie z. B. die ultrarelativistische Geschwindigkeit (7), mit der sich Photonen bewegen könnten, nicht kannte. Um die SRT zu formulieren musste man nach der Messung von Michelson, dieses, dass die Lichtgeschwindigkeit die Asymptote ist, annehmen. Erst nach dem die SRT fertig ist, kann man die neue Korrektur, dazu fügen. Was den Äther übrigens angeht, dachte man nach dem Verfassen der Allgemeinen Relativitätstheorie erneut über den Äther nach. A Einstein bezeichnet ihn als Gravitationsäther, wobei er bekräftigte, dass er sich von dem alten elektromagnetischen Äther, der die elektromagnetische Welle tragen sollte, unterscheidet.

Die Untersuchung von Albert Michelson

Bei der Untersuchung von Albert Michelson sollte die Geschwindigkeit, mit der sich die Erde im Äther bewegt, gemessen werden. Man wusste damals, das die Umlaufgeschwindigkeit der Erde um die Sonne 30 km/s beträgt. Man ging auch davon aus, dass die Sonne sich ebenso im Äther bewegt, das heißt es hätte noch etwas dazu kommen müssen.

Um diese Erdgeschwindigkeit zu messen nahm Michelson sich vor, Lichtstrahlen paralleler und senkrecht, zu dem Vektor der Erdbewegung, von einer Lichtquelle zu zwei Spiegeln und zurück, gleichzeitig, zu schicken, um den Zeitunterschied zwischen t1 und t2 zu messen.

t1 – die Zeit für den Lichtstrahl hin und zurück, praller

t2 – die Zeit des Lichtstrahls hin und zurück, senkrecht.

Bei allen anderen Wellen, die von einem Medium getragen werden, wären die Zeiten da unterschiedlich, wie hier später berechnet wird. Um sicher zu sein, dass das Lichtstrahl praller bzw. senkrecht zu dem Vektor der Erdbewegung steht, musste man nur lange genug abwarten, bis man auf Grund der Erdbewegung um die Sonne und die eigene Achse den optimalen Zeitpunkt erwischte.

Der Zeitunterschied zwischen t1 und t2 ist hier allerdings so klein, dass man es gar nicht direkt messen konnte. Um es indirekt zu messen, konzipierte Michelson eine Anordnung, den Michelsons Interferometer. Er nutzte dabei ein physikalisches Phänomen, und zwar das Welleninterferenz (8). Die

Anordnung bestand aus einer Lichtquelle, einen Teleskopen, zwei Spiegel und einer halb durchsichtigen Platte. Die beiden Lichtstrahlen landeten zum Schluss, beide praller, im Teleskopen, was darin im Form von Streifen sichtbar war, eben auf Grund der Welleninterferenz. Einer der Lichtstrahlen kommt in solchem Fall etwas verspätet in Bezug auf das andere, was der Grund für die Interferenz, und darüber hinaus der Streifeinbildung ist. Würde sich aber der Unterschied zwischen t1 und t2 verändern, würden sich dann auch die Streifen verschieben. Wenn man die ganze Anordnung vom Michelson in einem günstigen Zeitpunkt (praller, senkrecht) um 90° umdreht, verschreiben sich die Streifen ebenso, denn t1 wird t2, und umgekehrt.

Auf der Zeichnung 1 sieht man in der Mitte eine Metallplatte, umgedreht um 45° zu den Spiegeln, die die Hälfte des Lichtstrahls durchlässt, während die andere Hälfte abgestrahlt, das heißt in diesem Fall, um 90 Grad abgelenkt wird. Der Lichtstrahl geht also zuerst von der Lichtquelle, durch einen Spalten zu der Platte, und von da, geht die Hälfte des Strahles weiter, gerade aus, zu dem ersten Spiegel, und die andere wird um 90° abgelenkt, und geht zu dem zweitem Spiegel. Der Strahl, der von dem Spiegel Nr.1 reflektiert wurde, geht zurück zur Platte, wo die Hälfte von ihm da durch geht, und die andre Hälfte um 90° abgelenkt wird, und zu dem Teleskopen geht. Von dem reflektierten Strahl am Spiegel Nr. 2 wird die für uns unwichtige Hälfte an der Platte abgelenkt, und die andere geht durch, bis zu dem Teleskopen. Die Längen L 1 und L2 sind die Entfernungen zwischen der halb durchsichtigen Platte und dem jeweiligen Spiegel.

Zeichnung 1

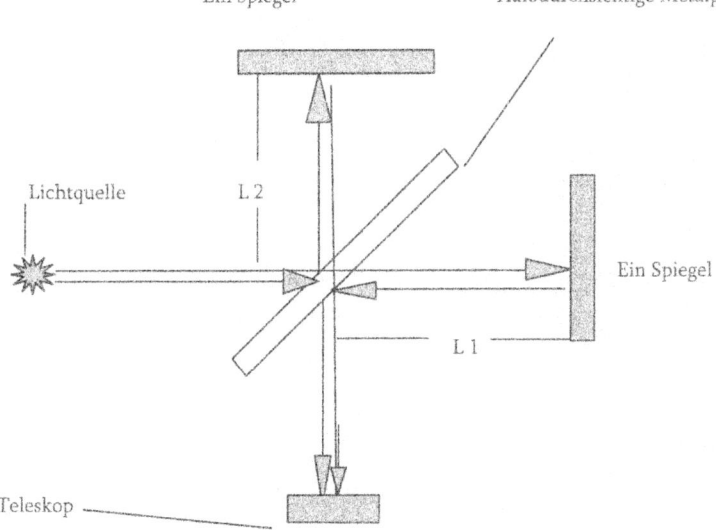

Zeichnung 2 - Die Anordnung im Bewegung..

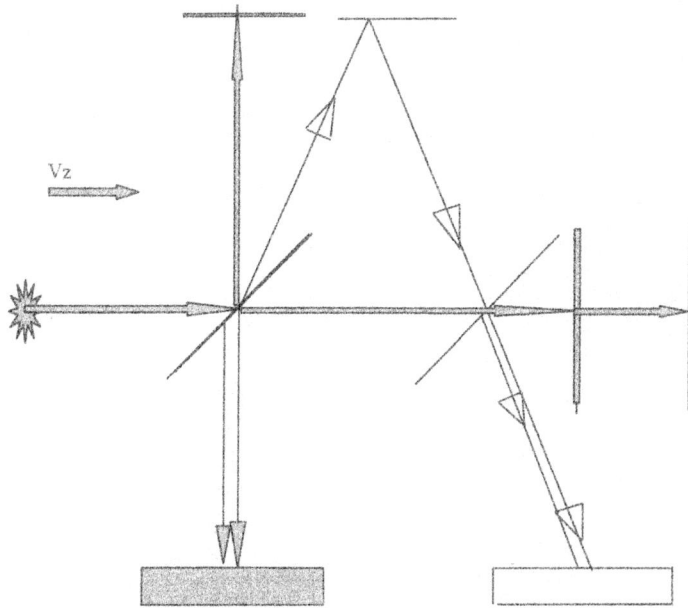

Vor der SRT

- gewöhnliches Addieren und Subtrahieren von Geschwindigkeiten
- keine Lichtgeschwindigkeitsänderung im Äther auf Grund der Lichtquellenbewegung. Wie bei anderen Wellen auch.

Wenn die Lichtquelle einen Lichtstrahl in Richtung ihrer Bewegung schickt, und die Geschwindigkeit der Welle, durch die Bewegung der Lichtquelle im Äther, sich nicht ändert, müsste die Lichtgeschwindigkeit, die im Lichtquellenbezugssystem gemessen wird, kleiner sein, und wenn der am Spiegel reflektierte Lichtstrahl zurückgeht, ist die größer. Für den Lichtstrahl der senkrecht zum Vz Vektor geht, sind die Geschwindigkeiten in beide Richtungen gleich kleiner.

Berechnungen:

$$t_1 = \frac{L_1}{C-Vz} + \frac{L_1}{C+Vz} = \frac{2L_1}{C} \cdot \frac{1}{1-Vz^2/C^2} \;;$$

$$t_2 = \frac{2L_2}{\sqrt{C^2-V_z^2}} = \frac{2L_2}{C} \cdot \frac{1}{\sqrt{1-V_z^2/C^2}}$$

c ist hier noch die Lichtgeschwindigkeit

Vz – die Erdgeschwindigkeit im Äther

L1 und L2 – die Abstände zwischen den Metallplatten und den jeweiligen Spiegeln

Wenn jetzt:

$$L_1 = L_2 = L \text{ ; und}$$

Δt = t1 – t2; und wenn wir mit Δt, = t2 – t1 den Zeitunterschied nach dem Umdrehen des Interferometers um 90° bezeichnen, haben wir:

$$\tau = \Delta t - \Delta t^! = 2t_1 - 2t_2$$ - Unterschied zwischen Δt und $\Delta t^!$

Und für konkrete Zahlenwerte:

c = 3 e 8 m /s

L = 1,2 m – siehe Zeichnung

$\lambda = 6 \cdot 10^{-7}$ – die Wellenlänge des Lichtes

Vz = 30 km/s

ergibt sich:

k = cτ/λ; k = 0,04 – Die zu erwartete Streifenverschiebung, während die beobachtete Streifenverschiebung

$$k \approx \frac{C \cdot \tau}{\lambda} = 0,01 \text{ war.}$$

k = 0,01 entspräche hier lediglich einer Erdgeschwindigkeit von 5 km/s.

Bei späteren Untersuchungen, mit höheren Frequenzen des Lichtes, war k noch kleiner, kleiner als die Messfehler.

Einstein verstand es so: die Erde bewegt sich im Äther nicht, und da sie sich ja doch bewegt, muss es heißen: es gibt keinen Äther. Das Licht verbreitet sich im Vakuum, und das mit gleicher Geschwindigkeit egal wie sich die Erde, oder der Interferometer, bewegen, oder nicht bewegen.

Da ist ein großer Unterschied in Vergleich zu den andren Wellen. Bei einer akustischen Welle, z. B. verändert die Bewegung der Schallquelle die Geschwindigkeit des Schalls, bezogen auf das Medium, nicht. Nur die Frequenz der Welle. Wenn sich aber der Empfänger in Bezug aufs Medium bewegt, hat das auch die Geschwindigkeitsänderung der Welle zu Folge, die der Empfänger messen würde. Bei einer Lichtwelle gibt es keine Geschwindigkeitsänderung, und das nicht nur bei beweglicher Lichtquelle, sondern auch bei beweglichen Empfängern keine. Man kann ohne den Äther nicht erkennen, ob sich die Lichtquelle oder der Empfänger bewegt.

Um sich das ganze besser vor Augen zu führen, was für folgen das hat, nehmen wir ein einfaches Beispiel. Wir nehmen eine Rakete die sich mit großer Geschwindigkeit, c/2, bewegt. In dieser Rakete schickt man einen Lichtstrahl quer durch sie, und misst die Zeit, in der der Lichtstrahl an der anderen Seite der Rakete ankommt. Siehe Zeichnungen 3 und 4.

Die, von dem Insassen gemessene Zeit ist gleich:

t1 = d/c

d – Innenbreie der Rakete.

Wenn es aber möglich wäre, dass jemand außerhalb der Rakete, der sich nicht bewegt, die Zeit messen könnte, würde er eine längere Zeit messen, und zwar:

t2 = $\sqrt{(d^2+V^2t2^2)}$ /c

da die Strecke, die das Lichtstrahl zu durchqueren hat für ihm länger, und die Geschwindigkeit in beiden Fällen, wie bei der Michelson-Untersuchung gemessen, gleich ist.

Das nennt man eben Zeitverschiebung.

In der sich bewegenden Rakete verläuft die Zeit offensichtlich langsamer.

Beispiel für V = c/2;

$$t_1 = t_2\sqrt{1-\frac{V^2}{c^2}} = t_2\sqrt{0,75} = 0,85 t_2$$

Das heißt: während für den Außenbeobachter eine Sekunde vergangen ist, ist in der Rakete nur 0,85 von einer Sekunde vergangen. Die SRT sieht auch eine Längenkontraktion vor, also eine Veränderung der Länge in Bewegungsrichtung, was in diesem Fall zu Folge hätte, dass die Raketenlänge, die der ruhende Beobachter messen würde, kürzer wäre, als die von den Raketeninsassen gemessene. Das spielt hier zu Berechnung von t1 und t2 keine Rolle, denn der Lichtstrahl geht ja quer durch die Rakete, also d verändert sich nicht. Nach diesen Erkenntnissen musste man die Transformationsgleichungen von Galilei und die Newton'sche Bewegungsgleichungen umschreiben. Aus diesem Grund muss man ab jetzt an, abgesehen von allen anderen Konsequenzen, die Geschwindigkeitsvektoren nach neuen Regeln addieren und subtrahieren.

Zeichnung 3

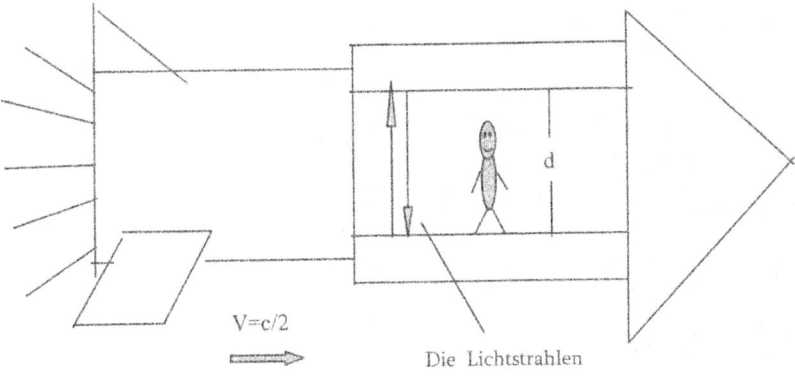

Zeichnung 4

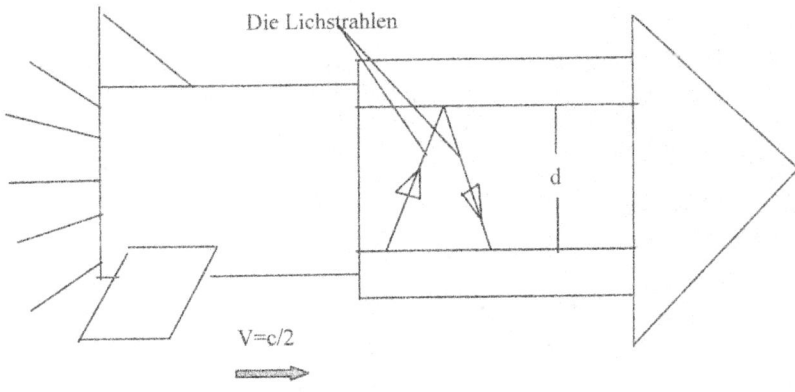

Michelsons Untersuchung nach der SRT

Da der Äther jetzt als nicht existent gilt, und c konstant in jedem Bezugssystem ist, sind die Berechnungen sehr einfach. (c ist hier noch die Lichtgeschwindigkeit, später wird sie hier als V_L bezeichnet).

$t1 = L1/c$; $t2 = L2/c$; und wenn $L1 = L2$ gilt es:

$t1 = t2$ – keine Streifenverschiebung

Die Länge L1 verändert sich hier nicht, da sie von den (mit der Erde) Reisenden gemessen wird.

Die Messung der Erdbewegung im Äther nach SRT, mit der neuen Korrektur, das heißt: $V_L < c$

Hier wird angenommen, dass die Lichtgeschwindigkeit V_L etwas kleiner als c ist. c ist die Asymptote, der sich der Lichtgeschwindigkeit nähert, wenn die Energie oder die Frequenz des Lichtes ins Unendliche geht. Man kann es aber im ultrarelativistischem Bereich gar nicht nachvollziehen, wenn z. B. $V_L = 0{,}999999999999999\ c$.

V_L ist hier also Die Lichtgeschwindigkeit und c die Asymptote, die nicht überschritten werden kann. Das Licht wird hier nach wie vor als elektromagnetische Welle verstanden, also keine Lichtgeschwindigkeitsänderung im Äther auf Grund der Lichtquellebewegung, wie bei jeder anderen Welle auch. Die Berechnungen sind ähnlich wie bei Michelson, mit dem Unterschied, dass das Addieren oder Subtrahieren von Geschwindigkeiten V_L und V_z hier nach den Regeln der Lorenztransformation erfolgt. Die Länge L1 verändert sich hier nicht, da sie von den (mit der Erde) Reisenden gemessen wird.

$$t_1 = \frac{L_1}{\dfrac{V_L - V_Z}{1-(V_L V_Z)/C^2}} + \frac{L_1}{\dfrac{V_L + V_Z}{1+(V_L V_Z)/C^2}}$$

$$t_1 = 2 \cdot \frac{L_1}{V_L} \cdot \frac{1 - Vz^2/C^2}{1 - Vz^2/V_L^2}$$

Für t2 berechnen wir zuerst t'2 – Zeit gemessen im Bezugssystem, das im Äther ruht;

$$t_2' = 2 \cdot \frac{\sqrt{L_2^2 + V_Z^2 \cdot (t_2')^2}}{V_L}$$

(V_L verändert sich bei Bewegung der Lichtquelle im Äther nicht, und die Länge L2 in diesem Fall auch nicht, denn V_L und Vz senkrecht)

$$t_2' = \frac{2L_2}{V_L} \cdot \frac{1}{\sqrt{1 - V_Z^2/V_L^2}}$$

Und da auf Grund der Zeitverschiebung, ist die auf Erden gemessene Zeit gleich:

$$t_2 = t_2' \cdot \sqrt{1 - \frac{V_Z^2}{c^2}}$$

wir bekommen also:

$$t_2 = \frac{2L_2}{V_L} \cdot \frac{\sqrt{1-V_Z^2/c^2}}{\sqrt{1-V_Z^2/V_L^2}}$$

Wenn jetzt:

$L_1 = L_2 = L$ und

Δt = t1 - t2

und wenn wir mit

Δt' = t2 - t1

den Zeitunterschied nach dem Umdrehen des Infraktrometers um 90° bezeichnen, haben wir den Unterschied T zwischen Δt und $\Delta t^!$ nach dem Umdrehen des Intereferometers:

$$\tau = \Delta t - \Delta t^! = 2t_1 - 2t_2$$

und nach Berechnungen:

$$\tau = 4 \cdot \frac{L}{V_L}(\frac{1-Vz^2/C^2}{1-Vz^2/V_L^2} - \frac{\sqrt{1-V_z^2/c^2}}{\sqrt{1-Vz^2/V_L^2}}) \cdot$$

Für Konkrete Zahlenwerte:

$V_L/c = 1/1.00002$ - Ergebnis von CERN für c = Vn

$$\lambda = 6 \cdot 10^{-7}$$

Vz = 2,3 e 5 m/s - Gesamtgeschwindigkeit der Sonne um die

Mitte der Milchstraße und der Erde um die Sonne, bei den günstigsten Bedienungen, was die Jahres- und Tageszeiten angeht, wo Vektoren Vz und V_L parallel Bzw. senkrecht zur einander stehen. (Vz kann natürlich noch größer sein, man hat nur den günstigsten Winkel zwischen den Vektoren Vz und V_L nicht erwischt).

V_L = 3 e 8 m/s

(man kann bei der Gleichung vor den Klammern diesen Wert annehmen, Hauptsache, man setzt in den Klammern c / V_L = 1.00002 ein)

L = 1,2 m - siehe Zeichnung

$$\lambda = 6 \cdot 10^{-7}$$ - die Wellenlänge des Lichtes

Wir haben also nach Berechnungen:

$\tau \approx 2 \cdot 10^{-17}$, was der gemessenen Streifenverschiebung entspricht, nämlich: $k \approx \dfrac{C \cdot \tau}{\lambda} = 0{,}01$

Also, wenn Albert Michelson damals gewusst hätte, dass man Geschwindigkeiten relativistisch addieren und subtrahieren muss, und annahm, V_L< c, hätte er eine sehr vernünftige Erdgeschwindigkeit im Äther ausgerechnet. Es ist hier wichtig, dass man bei Berechnungen der Konkreten Zahlenwerte mit keinen Näherungswerten, wie es so üblich ist, arbeitet. Es wurde hier mit genauen Zahlen (zwanzigste Stelle hinter dem Komma) gerechnet.

Licht als Teilchen und die Michelson-Untersuchung

Das Licht (nicht nur im sichtbaren Bereich (9)) kann man auch als Teilchen oder Lichtquanten verstehen. Im Jahre1922 bekam Albert Einstein den Nobelpreis für das Erklären des photoelektrischen Effektes. Die Lichtteilchen werden Photonen genannt. Sie können an Teilchen wie z. B. Elektronen, Energie, Impuls, und sogar Drehimpuls abgeben, indem sie von den Elektronen absorbiert werden. Dieses Phänomen nennt man eben: das photoelektrisches Effekt. Es wird unter anderen beim Fotografieren genutzt. Das Bild auf dem Bildband wird geändert, weil die Photonen die Elektronen der Bildband aus ihren Bahnen werfen.

Das Problem bei den Photonen ist aber, dass die Teilchen keine Ruhemasse haben dürfen, sonst könnten sie sich nicht mit der Geschwindigkeit c bewegen, sie hätten nämlich dann eine unendliche Energie. Die Energie ist nämlich gleich: E = $m_0 c^2$ Gamma, wobei:

$$\text{Gamma} = \frac{1}{\sqrt{(1 - V_L^2 / C^2)}}$$

Deswegen schriebt man dem Photon keine Ruhemasse zu, und berechnet die Energie des Photons nach der Formel: E = hf, wobei h für das Planck'sche Wirkungsquantum, und f für die Lichtfrequenz stehen.

Wenn aber die Geschwindigkeit der Photonen etwas kleiner wäre, $V_L <c$, wie hier vorgeschlagen, auch wenn man es im ultrarelativisischen Bereich kaum messen kann, könnte man dem Photon eine Ruhemasse zuschreiben.

Jetzt wollen wir Berechnungen anstellen, wobei das Licht als Teilchenstrahl betrachtet wird. Das heißt eine Bewegliche Lichtquelle verändert die Geschwindigkeit des Lichtes im Äther, und $V_L<c$. Das bedeutet in diesem Fall, dass die Geschwindigkeit der Photonen in Bezug auf Erden, oder auf das Labor (nicht im Äther), wo die Zeiten und die Längen gemessen werden, V_L beträgt.

Die Berechnungen:

t1 = L1/V_L; t2 = L2/V_L und für L1= L2 = L haben wir:

t1 = t2 - keine Streifenverschiebung

Wenn man also das Licht nicht als elektromagnetische Welle, sondern als ultrarelativistische Teilchen versteht, beweist das Untersuchungsergebnis keine Streifenverschiebung, gar nicht, dass es keinen Äther gibt, wenn man ganz kleine Streifenverschiebung als Messfehler auffasst. Und es beweist ebenso nicht, dass V_L= c und damit konstant ist.

Der neue Energiesatz für Photonen

Da V_L kleiner als c sein kann, kann man jetzt auch dem Photon eine Ruhemasse zuschreiben, auch wenn man das Teilchen unmöglich stoppen kann. Man kann also eine neue Formel für die Berechnung der Lichtenergie formulieren, die sich von dem Energiesatz aller anderen Teilchen oder Massen nicht unterscheidet.

E=Moc²Gamma: Mo - die Ruhemasse des Photons

$$\text{Gamma} = \frac{1}{\sqrt{(1 - V_L^2 / C^2)}}$$

E-Lichtenergie

und wenn wir sie mit der bekannten Formel vergleichen:

$E = h \cdot C / \lambda$; h – die Planck'sche Konstante

λ - die Wellenlänge

Vn - die Geschwindigkeit der Neutrinos gemessen in CERN

Annahme: c = Vn;

(Hier muss man folgendes beachten: c kann ebenso etwas größer als Vn sein, ähnlich wie bei c und V_L. Die Größe Vn wird hier so behandelt, als wäre sie die Asymptote, weil das die größte gemessene Geschwindigkeit ist) könnten wir somit die Ruhemasse des Photons berechnen.

$$Mo = \frac{h}{\lambda \cdot Gamma \cdot C}$$

und z. B. für den Wert für Wellenlänge $\lambda = 6 \cdot 10^{-7}$ m haben wir:

$$Mo \approx 1 \cdot 10^{-39} \text{ kg}$$

und wenn die Messung von CERN für 160 Hz gälte, wie hier später berechnet wird, hätten wir:

Mo ≈ 7 e − 51

Die Abhängigkeit der Lichtgeschwindigkeit von der Lichtfrequenz

$E = h \cdot f = Mo \cdot Gamma \cdot C^2$; f - Lichtfrequenz

Nach Berechnungen haben wir:

$$\frac{V_L}{C} = \sqrt{1 - \frac{Mo^2 \cdot C^4}{h^2 f^2}}$$

Man darf vorerst Mo= e -39 nicht ganz ernst nehmen, zumal dieses Ergebnis keinen Sinn mehr hat, für etwa:

$$f < 10^5 Hz$$

dann hat die Gleichung nicht mal einen mathematischen Sinn.

Wenn aber Mo ≈ 7 e-51 wäre, dann gälte es: h/Mo ≈ 9 e 16

In diesem Fall, wenn $E = m_0 c^2 \gamma = hf$, würde es heißen:

$$m_0 c^2 = \frac{h}{s} \text{ und } \gamma = f \cdot s \text{ und}$$

$$\frac{V_L}{C} \approx \sqrt{1 - \frac{1}{f^2 \cdot s^2}} \quad \text{s – eine Sekunde}$$

Wie man sieht, hat diese Gleichung selbst für f = 1kHz einen Sinn, und für:

f = 160 Hz, d. h. für ganz kleine Frequenz ist

V_L/C = 1/1,00002 – Ergebnis von CERN

Natürlich ist die Gleichung für noch kleinere Frequenzen nicht mehr gültig. Z. B. für f = 1 Hz wäre V_L = 0

Erst wenn die letzte Gleichung folgende Gestalt annimmt:

$$\frac{V_L}{C} \approx \sqrt{1 - \frac{1}{(f + 160Hz)^2 \cdot s^2}}$$

bleibt V_L immer gleich oder größer als c/1,00002;

auch für kleinere Frequenzen als 1Hz, das heißt: V_L hätte somit ihre untere Grenze.

An dieser Stelle muss man folgendes erwähnen: Wenn mo tatsächlich größer 0 wäre, wäre das Coulombsche Gesetz in seiner bekannten Form nicht mehr gültig. Das würde bedeuten das die Formel zum Berechnen der Lichtgeschwindigkeit von Maxwell unter diesen Umständen neu formuliert werden müsste. Man müsste in diesem Fall V_L von c unterscheiden.

Licht als Welle und Licht als Teilchen – Auswertung

Wenn wir die Gesamtgeschwindigkeit des Lichtes und seiner Lichtquelle addieren, ergibt sich eine kaum bemerkbar größere Geschwindigkeit als Produkt. Die Geschwindigkeit bleibt weiter hin ultrarelativistisch. Ist das vielleicht der Grund, warum wir keine V_L Änderungen beobachten konnten, und aus diesem Grund die Lichtgeschwindigkeit als, von der Lichtquellebewegung, unabhängig hielten? Also von einer, mit konstanter Geschwindigkeit im Äther, oder im Vakuum, verbreitete sich Welle.

Von daher betrachten wir beide Möglichkeiten:

1 Licht als Welle

Keine Abhängigkeit V_L von der Frequenz, die Bewegung der Lichtquelle bewirkt nur die Veränderung der Frequenz und keine Geschwindigkeitsänderung.

Keine neue Formel für Lichtenergie.

Man kann so die Streifenverschiebung erklären.

2 Licht als Teilchen

Keine Erklärung für die Streifenverschiebung.

Mögliche Erklärung:

Fall 1 gilt für kleine Frequenzen, Fall 2 für große.

Noch eine Möglichkeit:

Die Photonen haben eine konstante Geschwindigkeit V_L, die etwas kleiner als c ist. Dabei dürften sie ihre Ruhemassen behalten. Der Energiesatz für Photonen müssten dann so oder ähnlich aussehen:

$E=f(f)m_F c^2$, denn der Ausdruck V^2/c^2, und damit Gamma wären dann konstant.

Man kann es so fassen: die Ruhemasse des Photons $m_F V$ verendet sich und ist gleich $m_F V = f(f)m_F$ oder vielleicht $m_F V = m_F(1+f)$ und somit $E= m_F(1+f)c^2$. In diesem Fall hätte man aber gar keine Streifenverschiebungen beobachtet. (genaue Ausführungen im Teil Zwei: „Der Raum und die Zeit")

m_F – die Ruhemasse des Photons

$m_F V$ – die, mit der Frequenz veränderliche, Masse des Photons

$f(f)$ – eine Funktion der Lichtfrequenz

Man muss außerdem beachten, dass die Untersuchung nicht im Vakuum, sondern in der Luft durchgeführt wurde, was auch von Bedeutung sei kann. Man darf also die Messungen von Michelson und CERN nicht ganz ernst nehmen, was die konkreten Zahlenwerte angeht. Wenn es tatsächlich Unterschiede zwischen V_L und Vn oder V_L und c, und zwischen den verschiedenen V_L gibt, werden sie wahrscheinlich kleiner als die beim Projekt OPERA gemessen, sein.

Um sich hier Klarheit zu verschlafen müsste man neue Messungen vornehmen, vielleicht ohne Interferometer, direkt, in verschiedenen Bereichen, von Radio Wellen bis zu hohen Frequenzen. Auch für gleiche Frequenzen in verschiedenen

Tages und Jahres Zeiten. So könnte man auch die Ruhemasse des Photons bestimmen.

Man könnte den Mond als Spiegel benutzen, und einen Lichtstrahl zu ihm und zurückschicken. Im Zeitpunkt t1, wo V_L Vz senkrecht, und in einem zweiten Zeitpunkt t2, wo V_L und Vz parallel zu einander stehen. Der Zeitunterschied zwischen t1 und t2 für L1 = L2 = L ≈ 800000, wäre: Δt = t1 - t2 ≈ 10 e -11. Man muss bei den Berechnungen berücksichtigen, dass L1 ≠ L2 sein kann, denn die Entfernung der Lichtquelle zum Mond kann in den Zeitpunkten t1 und t2 verschieden sein.

Eigenlebensdauer der Photonen und der Neutrinos

Die Zeitverschiebung ist ein Phänomen, das experimentell bestätigt wurde. Man beschleunigt dazu Teilchen, die ein geringes Lebensdauern haben (zerfallen sehr schnell), zu großen Geschwindigkeiten, nah c. Die Lebensdauer solcher Teilchen wird dadurch wesentlich verlängert, und zwar genau so, wie es die SRT vorsieht. Das heißt: ein Teilchen hat ein Eigenlebensdauern und ein anderes Lebensdauern für einen ruhenden Beobachter, in dessen Bezugssystem es sich schnell bewegt.

Was, wenn wir die gleichen Überlegungen für Photonen anstellen, und setzen dabei c = V_L würden. Wir erhalten:

$$t' = t \cdot \sqrt{1 - V_L^2/C^2}$$, t'= 0 - Eigenlebensdauer des Photons

Es ist eigentlich aus physikalischem Gesichtspunkt absurd, und aus diesem Grund hätte man sich längs überlegen müssen, ob ein reales Teilchen, wie das Photon, eine Geschwindigkeit vom c haben darf, und ob V_L < C, und mo > 0 vielleicht ist. Außerdem geht man davon aus, dass die Neutrinos, aufgrund ihrer nachgewiesenen Oszillation, eine Ruhemasse haben müssen. Wenn sie da noch schneller als das Licht sind, wieso sollte dann das Photon keine Ruhemasse haben.

Wenn die Neutrinos schneller als c wären, wie man nach der CERN-Messung spekulierte, gälte es:

$$t^* = t \cdot \sqrt{1 - V_N^2/C^2}$$ - Eigenlebensdauer eines Neutrinos,

und für: Vn > c, hat die Gleichung keinen mathematischen Sinn. Es bedeutet aber nicht, dass t*< 0, (keine Zeitreisen). Es muss daher gelten: Vn < C, aber nicht unbedingt immer Vn = V_L.

Das Zwillingsparadoxon

Dieses Gedankenexperiment sorgt bis heute für Verwirrung bei denen, die sich für die SRT interessieren. Es geht dabei um zwei Zwillingsbrüder, von denen einer, mit einer großen Geschwindigkeit, nahe c, in den Weltraum reist, und der andere auf Erden bleibt. Wie schon hier erläutert, geht die Zeit, laut SRT, in der fliegenden Rakete oder einem Raumschiff langsamer. Das bedeutet, dass der Reisender, wenn er von seiner Reise zurückkehrt, jünger als sein Bruder, der auf Erden blieb, sein wird.

Wir übersehen hier aber die Tatsache, dass wir kein Äther, und damit kein Hauptbezugssystem mehr haben. Man kann also nicht feststellen welcher der Reisender und welcher der Ruhender ist. Dass die Erde viel größer als das Raumschiff ist, macht sie das in dieser Hinsicht nicht wichtiger. Wir können lediglich nur aussagen, das die Zwillinge sich in Bezug auf einander Bewegen. Der Bruder auf Erden kann behaupten, dass er sich in Bezug auf seinen Bruder bewegte, und erwarten, dass er nach dem wieder Treffen mit dem Raumschiffbruder, jünger sein wird.

Das ist der Zwillingsparadoxon. Die Lösung ist die: der Reisender ist der von den beiden, der auch beschleunigt wurde. Das ist die korrekte Lösung, die heute gilt. Da haben wir eigentlich wieder mit einem Widerspruch zu tun. Die Erde bewegt sich ja um die Sonne und die Mitte der Milchstraße (10), wurde also irgendwann auch beschleunigt (als sie noch kein Planet, sondern Staub oder sonst was war). Was wenn der

Raumschiffbruder so beschleunigt wurde das er die Geschwindigkeit erreicht, die die Erde gehabt hatte, bevor sie bescheinigt worden war, nur i gegen gesetzte Richtung. Wer ist jetzt der Reisender, von den beiden. So oder so ohne Hauptbezugssystem ist es schwierig.

Die modifizierte SRT, mit dem Äther und mit der Möglichkeit Geschwindigkeiten in Bezug auf den Äther zu messen, löst einfach das Problem.

Man stelle sich einen Planeten vor, von dem zwei Brüder von drei Drillingen ins All geschickt werden, natürlich fast mit Lichtgeschwindigkeit. (Später kommt noch ein vierter Bruder dazu). Dieser Planet umkreist sein Zentralgestirn, das im Äther ruht. Das heißt $V_G = 0$. V_P ist die Geschwindigkeit des Planeten im Äther, und ist Konstant. In gleichem Zeitpunkt werden beide Zwillinge mit der gleichen Geschwindigkeit V, bezogen auf den Planeten, ins All geschickt, aber in entgegen gesetzte Richtungen. (Wir vernachlässigen die Eigendrehung des Planeten, oder wir nehmen an, es gibt keine). Der dritte Bruder wird mit der V_P Geschwindigkeit auch ins All geschickt, und zwar so, dass er im Äther ruht. Die Zeitpunkte der Rückkehr der ersten zwei Brüder, werden hier so festgelegt, dass die beiden gleichzeitig zum Planeten zurückkehren, und der Planet umkreist in dieser Zeit seinen Stern genau ein Mal. Es vergeht also ein Jahr. Das heißt: die Drillinge treffen sich gleichzeitig an der gleichen Stelle im Äther. Die jeweiligen Rückfluggeschwindigkeit, wohlgemerkt, bezogen auf den Äther, bei Bruder 1 und Bruder 2 sind oder sollen gleich der Hirnfluggeschwindigkeiten im Äther sein. Wir vernachlässigen hier, wie üblich ist, die Beschleunigungseffekte beim Start und beim Umkehr und bei der Landung der Brüder.

Also:

V – Die Geschwindigkeit der ersten zwei Brüder, bezogen auf den Planeten

V_1 – Die Geschwindigkeit des ersten Bruders B1 im Äther

V_2 – Die Geschwindigkeit des zweiten B2 im Äther

V_p – die Geschwindigkeit des Planeten im Äther (ist natürlich viel kleiner als V)

Siehe Zeichnungen 5 und 6

Zeichnung 5 - alle vier Brüder beim Start auf dem Planeten

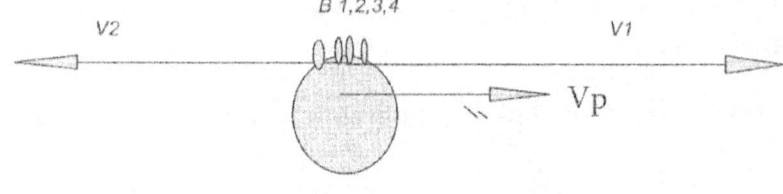

Zeichnung 6 - B1 und B2 weit weg B4 auf demPlaneten..........................

⇐ Die B3 Rakete

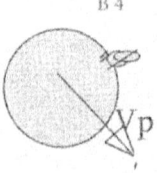

$$V_1 = \frac{V - V_p}{1 - \frac{V \cdot V_p}{C^2}} \; ; \; V_2 = \frac{V + V_p}{1 + \frac{V \cdot V_p}{c^2}}$$

Wir sehen hier: $V_2 > V_1$

und wenn die Zeiten, die die ersten zwei Brüder während des Fluges, für sich gemessen haben,

$$\Delta t_1^! = \Delta t_1 \cdot \sqrt{1 - \frac{V_1^2}{C^2}} \text{ und } \Delta t_2^! = \Delta t_2 \sqrt{1 - \frac{V_2^2}{C^2}} \text{ betragen,}$$

und die Zeit der Reise der Beiden, gemessen vom von dem dritten Bruder, der im Äther ruht $\Delta t_3 = \Delta t_1 = \Delta t_2$ ist, haben wir:

$$\Delta t_1^! > \Delta t_2^!$$

Dies bedeutet, dass Bruder B2, der schneller im Äther reiste, etwas jünger als der Bruder B1 geblieben ist. Vom den B3 sind sie, nach der Reise beide viel jünger, denn:

$$\Delta t_3 > \Delta t_1^! > \Delta t_2^!$$

Würden sie aber von einem Planeten, der im Äther ruht starten, Vp = 0, bei den gleichen Bedienungen, wären die zwei Reisende gleich jünger, im Vergleich zu dem Dritten Bruder, geblieben, obwohl sie sich mit fast Lichtgeschwindigkeit voneinander entfernten bzw. zueinander näherten. (Der dritte Bruder darf jetzt, damit er im Äther ruht, auf dem Planeten bleiben).

Gäbe es da noch einen vierten Bruder B4, der auf dem Planeten bleibt (jetzt bewegt sich der Planet wider, also Vp≠0, und der B3 ruht wieder im Äther) dann würde es heißen:

$$\Delta t'_4 = \Delta t_3 \sqrt{1 - \frac{V_P^2}{C^2}}$$

und darüber hinaus:

$$\Delta t_3 > \Delta t_4 > \Delta t'_1 > \Delta t'_2$$

Das heißt der scheinbar Reisende B3, der auch beschleunigt wurde, wäre nach seiner Reise älter, als der B4 Bruder, der auf dem Planeten blieb, mit dem er aber in Wirklichkeit reiste.

In meisten Fällen, scheinen die Inertialbezugsysteme gleichberechtigt zu sein, weil die Erdgeschwindigkeit viel keiner als c ist. Dennoch, bei Zweifelsituationen, wie hier oben, ist der Ätherbezugsystem als Hauptbezugsystem zu sehen.

Der wichtige Grundsatz der Physik, alle inertialen Bezugssysteme wären gleichberechtigt, unabhängig von ihren Geschwindigkeiten, ist nie bewiesen worden, auch nicht unbedingt durch die Messung von Michelson, wie es in dieser Abhandlung nah gelegt wurde. Es ist eher ein Wunsch von uns, die wir auf einem beweglichen Planeten Physik betreiben müssen. Es ist für uns von großem Nutzen, dass es gelang, solche Theorie wie die SRT, wo das relative Prinzip die Grundlage ist, zu erarbeiten. Wo kämen wir hin, wenn wir z. B. Satellitenbewegungen oder sogar Bewegungen von Flugzeugen auf das Ätherbezugssystem beziehen würden? Selbst wenn wir tatsächlich die Erdgeschwindigkeit im Äther wüssten, wäre es sehr umständlich. Wenn aber bei Grundgesetzlichen Überlegungen und oder Zweifelsfragen die Relativitätsprinziptheorien nicht ausreichen, muss man eben das Ätherbezugssystem als das Hauptbezugssystem nehmen.

Begriffserklärungen

(0) Die **Neutrinos**: Elementarteilchen, die sich mit Lichtgeschwindigkeit bewegen sollten. Seit man ihre Oszillation nachgewiesen hat, musste man den Teilchen eine ganz kleine Ruhemasse zuschreiben, aus diesem Grund weißt man, dass die Neutrinos sich mit Lichtgeschwindigkeit c nicht bewegen dürfen. Umso schlimmer, wenn sie laut der CERN-Messung, sogar schneller als das Licht gewesen seien.

(1) Der **Äther**: eine Substanz, die die elektromagnetische Welle tragen sollte, wobei sie keinen Widerstand für sich in ihr bewegende Materie darstellen sollte. Nach der Untersuchung von Albert Michelson, der die Geschwindigkeit der Erde im Äther messen wollte, Verzicht-tete man auf diese Vorstellung, und erklärte den Äther für nicht existent.

(2) Ein **Bezugssystem** ist z. B. ein Objekt, wie ein Schiff, ein Zug oder die Erde, auf dessen Bezug man die Bewegungen der Körper, Teilchen oder Wellen, misst, als ob das System ruhen würde, selbst wenn man weist das es sich bewegt. Zum Beispiel die Erde bewegt sich ja, denn noch, wenn wir die Geschwindigkeit eines Fahrzeuges angeben, beziehen wir sie auf die ruhende Erde, oder die ruhende Autobahn. Man kann z. B. Den Bahnhof als Bezugssystem für fahrende Züge nehmen, aber ein im Zug Reisender kann den Zug als sein Bezugssystem betrachten. Wenn er sich im Zug bewegt, misst er die Geschwindigkeit, wie schnell er geht in Bezug auf den Zug. Ein Beobachter der aber auf dem Bahnsteig seht, betrachtet den ganzen Bahnhof als sein Bezugssystem, und empfindet die langsame Bewegung des Reisenden als viel schneller. Es kann sogar vorkommen, dass der Reisender sich im Zug bewegt, aber für dem am Bahnsteig stehenden ruht. Das heißt bezogen auf das Bahnhofbezugssystem ruht er. Ein Lichtstrahl im fahrendem Zug ist aber für den, am Bahnhof stehenden nicht schneller oder langsamer, als im Zug. Das erklärt die SRT. Inertialsysteme sind Systeme die entweder ruhen oder sich im Bezug aufeinander mit konstanter Geschwindigkeit bewegen.

(3) **Zeitverschiebung** oder die **Zeitdilatation** ist ein Phänomen, das auch von der SRT vorgesehen ist. Wenn wir als ein Bezugssystem die Erde nehmen und als das zweite Bezugssystem eine mit großer Geschwindigkeit fliegende Rakete, und würden in beiden Systemen die Zeit messen, würden wir feststellen, dass die Zeit verschieden schnell in den zwei Systemen vergeht. In der fliegenden Rakete vergeht die Zeit nämlich langsamer.

(4) Eine **Asymptote** ist eine Grenze, der sich eine Funktion im Unendlichen nähert.

(5) **Relativistische Phänomene** sind physikalische Phänomene, die die klassische Physik nicht erklären kann, erst die SRT. Sie machen sich erst bei großen Geschwindigkeiten, ab 10 % der Lichtgeschwindigkeit abwärts, bemerkbar.

(6) **Ultrarelativistischer Bereich** bezieht sich auf Geschwindigkeiten die so nah der Lichtgeschwindigkeit sind, dass man gar keine Geschwindigkeitsänderungen messen kann, selbst wenn die Energie eines Teilchens, z. B. wesentlich zunimmt.

Beispiel: Ein Teilchen kann seine Energie verdoppeln oder vervielfachen, und seine Geschwindigkeit wächst vom 0,999999 c auf 0,9999999 c. In der klassischen Physik bei kleinen Geschwindigkeiten ist es natürlich anderes.

(7) **Albert Abraham Michelson** war ein amerikanischer Physiker, geboren in Strelno (heute in Polen, damals preußische Provinz Posen), am 19 Dezember 1852. Er bekam als erster Amerikaner den Nobelpreis für Physik. Bekannt wurde er durch nach ihm benannten Michelson-Interferometer. Mit dieser Anordnung wollte er die Erdgeschwindigkeit im Äther messen. Nachdem das Ergebnis dieser Untersuchung scheinbar negativ ausfiel, verzichtete man auf die Vorstellung einer Existenz von Äther. Die Folge darauf war unter anderen die Entstehung von SRT. Eine Verbesserte Form seiner Untersuchung führte er zusammen mit Edward W. Morley. In die Geschichte ging die Untersuchung als Michelson-Morley-Experiment.

(8) **Welleninterferenz** ist die Veränderung der Wellenamplitude bei einer Überlagerung von zwei oder mehreren Wellen. Die Wellen beim Michelson-Experiment überlagern sich stellen weise positiv – helle Streifen, oder negativ – dunkle Streifen.

(9) In dieser Abhandlung beziehen sich, wie üblich, Begriffe: Die **Lichtwelle** oder das Licht nicht nur auf die, vom menschlichen Auge sichtbaren Lichtfrequenzen, sondern auf andere Lichtfrequenzen auch.

(10) Es gibt noch eine **Geschwindigkeit**, und zwar die auf die **Hintergrundstrahlung bezogene**. Sie beträgt 377 km/s. Es kommt die Geschwindigkeit der Milchstraße selbst dazu. Diese Geschwindigkeit wurde bis jetzt nicht der Geschwindigkeit der Erde im Äther gleichgesetzt. Es gab ja keinen Äther.

Das neue Gravitationsgesetz

Abhängigkeit der Lichtgeschwindigkeit von der Gravitationsfeldstärke

Die Lichtfrequenz f ist laut der ART vom der Stärke des Gravitationsfelds abhängig. Im schwächer werdenden Gravitationsfeld geht die Zeit schneller, also wächst die Frequenz. Das würde bedeuten, dass in sehr schwachen Gravitationsfeldern, nahe 0, die Unterschiede von V_L aller Frequenzen sehr klein werden, und V_L für alle verschiedenen Frequenzen ganz nah c sein würde. Das würde erklären, warum der Unterschied zwischen V_L und Vn nach der Supernova-Explosion 1987 viel kleiner als der vom CERN war. Die Photonen und Neutrinos, die von der Supernova zu Erde flogen, flogen ja den größten Teil ihres Weges im gering schwachen, nah 0, Gravitationsfeld. Nur am Anfang in der Nähe des Sternes und zum Schluss in der Nähe der Sonne und der Erde gewannen die Neutrinos am Vorsprung, und möglicherweise nicht nur wegen der Hindernisse für das Licht bei der Supernova-Explosion direkt, sondern wegen des Gravitationsfeldes.

Ein anderer Beweis für die Variabilität der Lichtgeschwindigkeit

Wenn ein Lichtstrahl von einem Medium, in dem seine Geschwindigkeit höher ist, in ein anderes, in dem es sich langsamer verbreitet, durchgeht, kommt es zur Brechung des Lichtstrahles. Das könnte beispielsweise Luft und Wasser sein. Im Wasser verbreitet sich das Licht nämlich langsamer als in der Luft.

Siehe Zeichnung 7

Zeichnung 7

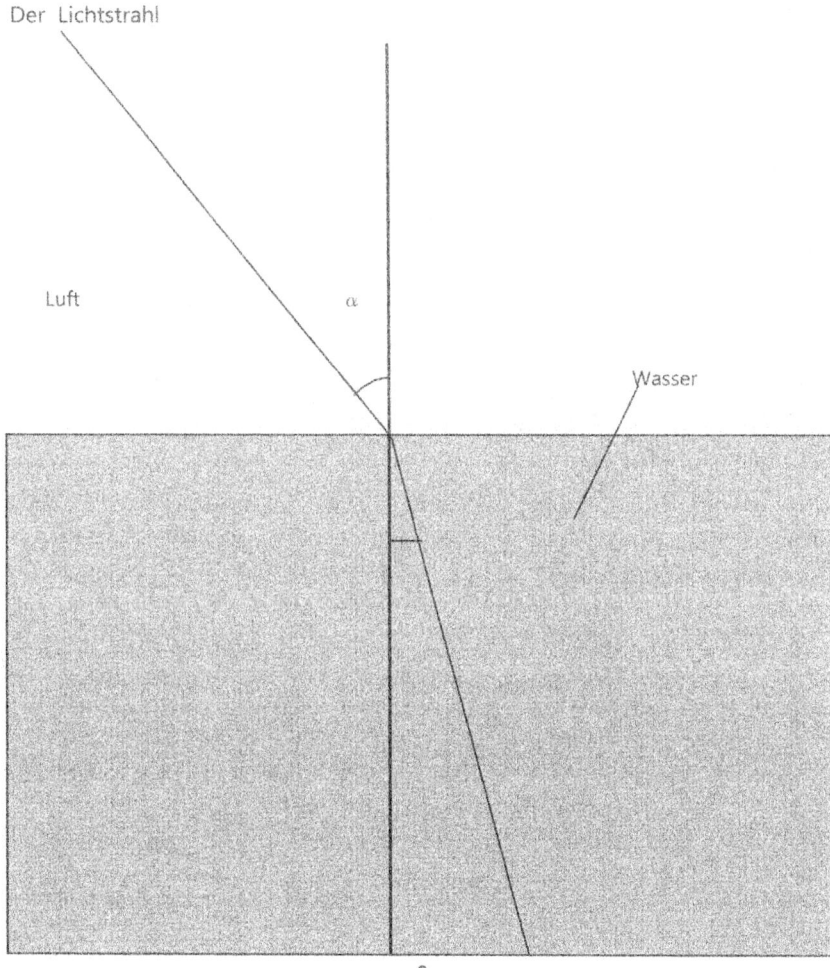

In einem stärkeren Gravitationsfeld, laut der ART geht die Zeit langsamer, was bedeutet, dass die Lichtgeschwindigkeit V_L, (wenn sie Frequenzabhängig ist) in solchem Fall kleiner ist. Haben wir hier etwa eine Erklärung für die Ablenkung des Lichtes im Gravitationsfeld? Und zwar die gleiche, wie bei der Lichtbrechung, auch wenn die Ursachen dafür verschieden sind. Der Unterschied ist hier der, dass es bei Lichtbrechung sich um einen sprunghaften Übergang von einem Medium in ein anderes geht, und im Gravitationsfeld, um ein stetiges, ins immer „langsamere" Schichten. Wenn wir z. B. mehrere Schichten nähmen, die nach unten immer langsamer für das Licht würden, und sie genügend dünn und genügend viele wären, würden wir viele kleine Brechungen beobachten. Und wenn die Schichten noch dünner und mehr würden und das ins Unendliche (unendlich viele und unendlich dünn), hätten wir die Krümmung des Lichtes, wie im Gravitationsfeld. Man könnte also die Ablenkung des Lichtes alleine! durch die Zeitdylatation im Gravitationsfeld erklären.

Es gibt keine Lichtbrechung, wenn der Lichtstrahl waagerecht über das Wasser geht. Da müsste die Hälfte eines Photons in Luft und die andere Hälfte im Wasser sein. Bei einem waagerecht zu Erdoberfläche gehenden Lichtstrahl haben wir mit solchem Fall zu tun. Da geht die untere Hälfte des Photons, durch eine etwas langsamere Schicht als die obere.

Materie aus Licht

Stellen wir uns jetzt vor, dass Materie aus Licht also aus Photonen besteht. Eigentlich sollte man, wenn man nach elementarsten Teilchen sucht, vielleicht die Neutrinos in Betracht ziehen. Da sie schneller als Licht sein können, werden sie wahrscheinlich leichter sei. Ein Elektron würde z. B. auf ein Gammaphoton und ein Neutrino zerfallen. Und bei einem Elektron-Positron-Zerfall wird aus den zwei Photonen ein Gammastrahl, und aus dem Neutrino und Antineutrino ein zweiter Gammastrahl. Daher sollte man vielleicht besser die Neutrinos und Antineutrinos zu den elementarsten Teilchen erklären. Auf jeden Fall bleiben die drei beim Zerfall sämtlicher Teilchen, als Endprodukt zurück, Also kommen alle drei in Frage, denn die zerfallen nicht mehr. Zusätzlich gibt es noch zwei andere Arten von Neutrinos, was die Sache noch komplizierter macht.

Diese Überlegungen, nämlich dass Materie aus Licht (von Neutrinos wusste man damals noch nichts) bestehen könnte, hätten die Physiker schon damals anstellen sollen, als die Äquivalenz der Masse und Energie entdeckt und nachgewiesen wurde. Die Tatsache, dass Elektronen die V_L Geschwindigkeit nicht überschreiten können, ist eben dadurch zu erklären, dass sie aus Licht sind. Es gibt aber kein Grund, weswegen die Neutrinos die V_L nicht überschreiten können sollten. Die Neutrinos können aber auf keinen Fall c überschreiten.

Wir beschäftigen uns zur Vereinfachung, erstmal nur mit Photonen, als wäre die Materie eben aus gefangenen Photonen.

Die Bahnen der, in der Materie um sich kreisenden Photonen, werden im Gravitationsfeld (z. B. nahe der Erde), zusätzlich (abgesehen von der Wirkung, die sie gegenseitig aufeinander ausüben) nach „unten", d. h. in Richtung Erdmitte gekrümmt. Genau wie die Bahn eines nicht gefangenen Photons im Einsteins Aufzug (1). Das wäre der Grund für die scheinbare Beschleunigung der Materie im Gravitationsfeld. Ein Lichtstrahl geht durch einen frei fallenden Aufzug gerade aus, weil er genauso abgelenkt wird, wie die gefangenen Photonen des Aufzugs.

Im stärkeren Gravitationsfeld geht also, laut ART, die Zeit langsamer. Aufgrund der Zeitdilatation ist das obere Teil eines Photons schneller als das untere, das sich näher der Erde befindet, Das Photon zeichnet, ähnlich wie ein Panzer, dessen Caterpillaren unterschiedlich schnell drehen, eine Kurve.

Teilen wir also uns gedanklich das Photon auf das obere und das untere Teil. Somit haben wir solche zwei Bereiche. Das obere Teil des Photons, als das etwas weiter entfernte, und das untere als das der Erde nähere. Die Massen der zwei Bereichen platzieren wir in den Schwerpunkten p1 und p2, des jeweiligen Bereiches.

Siehe Zeichnung 8

Zeichnung 8

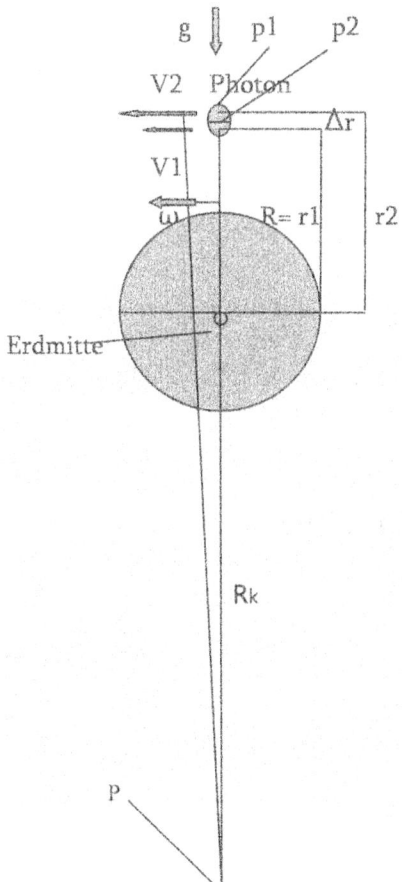

g – die Beschleunigung in Richtung Erdmitte in dem Zeitpunkt to, für ein waagerecht zur Erdoberfläche gehendes Photon

p1 – Schwerpunkt der unteren Hälfte des Photons

p2 – Schwerpunkt der oberen Hälfte des Photons

Δr – der Abstand zwischen den Punkten p1 und p2 des Photons, auf die sich die zwei Geschwindigkeiten beziehen

V_1 - die Geschwindigkeit von p1

V_2 – die Geschwindigkeit von p2

R – der Abstand zwischen p1 und der Erdmitte

R_k – der Krümmungsradius der Photonenbahn

G – die Gravitationskonstante

$\Delta t_2/\Delta t_1$ – die Zeitdylatation bezogen auf die zwei Photonbereiche

ω – die Winkelgeschwindigkeit mit der sich, das Photon um den Punkt P Zeitpunkt to bewegt

M – die Erdmasse

Das Photon kreist mit einer Winkelgeschwindigkeit ω um dem Punkt P, die gleich der Winkelgeschwindigkeit des unteren sowie des oberen Photonbereiches ist. (Der Krümmungsradius ist natürlich viel größer als der Abstand R. Das

Photon kreist ja nicht um die Erde). Die zentrifugale Beschleunigung in diesem Fall ist gleich:

$g = V_L^2 / R_k$

also suchen wir nach R_k

$V_1 R_k = V_2(R_k + \Delta) = \omega$

demnach:

$V_2/V_1 = (R_k + \Delta r)/R_k$

also:

$R_k = \Delta r/(V_2/V_1 - 1)$

oder $1/R_k = (V_2/V_1 - 1)/\Delta r$

Wir gehen hier davon aus, dass für die Lichtablenkung, also dafür, dass $V_2 > V_1$ ist, alleine die Zeitdylatation im Gravitationsfeld, $\Delta t_1 / \Delta t_2$ der Grund ist.

Also:

$V_1 = \Delta x_1 / \Delta t_1$ und $V_2 = \Delta x_2 / \Delta t_2$

wobei:

$\Delta x_1 = \Delta x_2 = \Delta x$

also:

$V_2/V_1 = \Delta t_1 / \Delta t_2$

(Ein Beobachter, der einen Lichtstrahl im G-Feld in Eigenzeit betrachtet, nimmt es natürlich so wahr, als würde der obere Bereich eines Photons größere Strecken in gleicher Zeit zurücklegen als das untere.)

Wir brauchen also nur noch $\Delta t_1(R)/\Delta t_2(R+\Delta r)$ zu ermitteln, um die zentrifugale Beschleunigung in Richtung Erdmitte zu berechnen.

Laut ART ist die Zeitdylatation gleich:

$\Delta t_1(r_1)/\Delta t_2(r_2) = \sqrt{(1-r_s/r_1)} : \sqrt{(1-r_s/r_2)} \approx 1+(U_1-U_2)/c^2$

wobei: $U=-MG/R$ und $r_s=2GM/c^2$

Wir haben also für $r_1=R$ und $r_2 =R+\Delta r$:

$\Delta t_1/\Delta t_2 = V_2/V_1 = 1+(MG/c^2) \times (r_2-r_1)/(r_2 r_1) =$

$1+(MG/c^2) \times (R+\Delta r-R)/(R^2+R\Delta r)=$

$=1+MGR^2/c^2 \times \Delta r/(R^2+R\Delta r)$

und für:

$1/R_k=(V_1/V_2-1)/\Delta r$ haben wir:

$1/R_k=(MG/c^2) \times 1/(R^2+\Delta rR)$ $(MG/c^2) \times (1/R^2)$ und mit:

$g=V_L^2/R_k$ haben wir: $g \approx (V_L^2/c^2)(MG/R^2) \approx MG/R^2$

und wenn wir davon ausgehen, dass sich in der ART-Formel c auf die Lichtgeschwindigkeit, und nicht auf die Asymptote bezieht, also V_L statt c in der Formel, haben wir:

g = MG/R²

Gravitativer 0-Punkt zwischen der Erde und dem Photon

Wenn das Photon eine Gravitationsmasse hat, gibt es zwischen der Erde und dem Photon einen Punkt wo die Gravitationsfeldstärke 0 ist, und zwar ganz nah dem Photon. In Richtung dieses! Punktes läuft die Zeit, für das Photon langsamer, was der Grund für die Lichtablenkung ist. Im schwächer werdenden G-Feld geht die Zeit dem nach langsamer und nicht umgekehrt, wie bei der ART. Je näher das Photon der Erde, umso stärker das G-Feld, also umso näher der 0 Punkt von Ihm. Deswegen beobachten wir, als würde die Zelt im stärkerem G-Feld langsamer gehen, während sie in Wirklichkeit in Richtung des 0 Punktes, also des schwächeren G-Feldes langsamer geht.

Für die Krümmung des Zeitraumes, anders als bei der ART, ist hier sowohl die Erde als auch das Photon verantwortlich. Außerdem geht es in diesem Buch nur um die Krümmung der Zeitkoordinate. Die Krümmung der Raumkoordinaten, und zwar für das Licht und nicht für den leeren Raum, ist sekundär und Folge der Zeitdylatation. In der ART werden Lichtstrahlen als Koordinaten des Raumes verstanden, weil ohne solche Wellen, wie das Licht, der Raum keine Koordinaten hätte. Da es sich aber ergab, dass die Lichtstrahlen im Gravitationsfeld keine Geraden sind, erklärte Einstein den Raum für gekrümmt. (Ausführlichere Betrachtungen im Teil 2: „Der Raum und die Zeit").

Ohne diesen 0-Punkt würde der Raum um eine einzige Masse mit wachsender Gravitationsfeldstärke, also mit einer kleiner werdenden Entfernung von ihr, schneller, und nicht langsamer. Dies würde im Anklang mit den Quantenphysikgesetzen, aber nicht mit der ART stehen.

Das Planck'sche Gesetz (2): $\Delta t \Delta E = h$ oder $\Delta t = h/\Delta E$ besagt eigentlich, dass die Zeit für größere Energie schneller läuft, und nicht umgekehrt, wie bei der ART.

Wenn wir es also auf das G-Feld übertragen würden, müsste es heißen, dass die Zeit im stärkerem Gravitationsfeld, schneller, nicht langsamer gehen müsste. Und im schwächerem G-Feld weit von der Masse langsamer. Erst unter Berücksichtigung der Tatsache, dass zwischen zwei Teilchen, oder z. B. der Erde und einem Photon, ein 0-Punkt existiert, steht die ART im Anklang mit den Ouantenphysikgesetzen!!!

Man kann also die Quantengesetze als Ursache für die Zeitdylatation im G-Feld, oder umgekehrt sehen!!! Und man kann vielleicht die Formel $\Delta t \Delta E = h$ als die gesuchte „Weltformel" bezeichnen.

Man kann natürlich den 0-Punkt nicht zwischen zwei beliebigen Teilchen suchen, sondern zwischen den elementarsten aus denen die größeren bestehen. Zwischen dem Mond und der Erde gibt es auch einen 0-Punkt, das aber für die Betrachtungen hier keine Rolle spielt. Einzelne Photonen (oder noch kleinere Teilchen) des Mondes werden in Richtung ihrer 0-Punkte zwischen der Erde und ihnen abgelenkt.

Man könnte es mit den Protonen und Neutronen versuchen; man kann allerdings schlecht erklären, warum ein unbewegliches Proton in Richtung eines 0-Punktes beschleunigt werden sollte, erst die Bahnablenkung der in ihm beweglichen Photonen kann man mit der Zeitdylatation erklären.

Jetzt versuchen wir aus der Tatsache, dass die Zeit, abhängig von der Entfernung zum 0-Punkt, verschieden schnell geht, das Newton'sche Gravitationsgesetz herzuleiten.

Siehe Zeichnung 9

Zeichnung 9

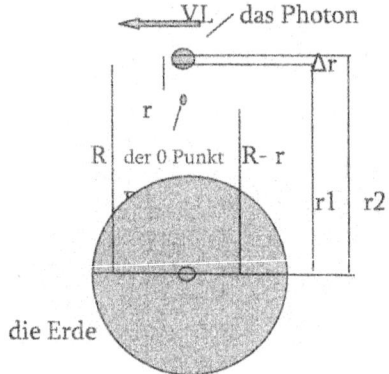

R – Abstand der Mitte des Photons zur Erdmitte

r – der Abstand der Mitte des Photons zu dem 0 Punkt

r1 – der Abstand von p1 zu 0 Punkt

r2 – der Abstand von p2 zu 0 Punkt

$\Delta r = r2 - r1$

$dr = \Delta r / 2$

M – die Erdmasse

m – die Photonmasse

Mit dem 0-Punkt haben wir eine Stelle wo die Gravitationsfeldstärke wie in der Unendlichkeit 0 ist, die aber in der Nähe ist. Und $\Delta t1/\Delta t2$ wird immer größer wenn sich das Photon dem 0 Punkt nähert. Außerdem besteht ein Photon in Wirklichkeit nicht, wie hier vorgeschlagen, aus zwei Punkten p1 und p1 sondern es ist ein kompliziert und dynamisch, Wir suchen nicht nach $\Delta t1$ und $\Delta t2$ einzeln, oder $\Delta t1/\Delta t2$ in den zwei Punkten p1 und p2, als wäre das Photon gar nicht da, sondern wir suchen das effiziente $\Delta t1/\Delta t2$ für das Photon. Außerdem, abgesehen davon, ob das Photon aus den zwei Punkten besteht, oder viel komplizierter ist, gibt es einen 0-Punkt in seiner „Mitte". Der wird unter dem Einfluss der Erde nach unten verschoben, was ebenso auf den Ausdruck $\Delta t1/\Delta t2$ Einfluss hat, oder sogar entscheidend sein könnte. Wir suchen also nach dem effizienten Wert des Ausdruckes $\Delta t1/\Delta t2$ für das Photon im Gravitationsfeld, wohl wissend, dass in Richtung 0-Punkte die Zeit langsamen geht, was der Grund für die gravitative Wirkung eigentlich ist.

Wenn der 0-Punkt in der Mitte eines Photons nach unten verschoben wird, und der alte Punkt zwischen dem Photon und der Erde viel weiter vom p2 als der Innen 0-Punkt liegt, geht die Zeit für p2 ebenso langsamer, wodurch v2<v1 ist. Er befindet sich nämlich näher dem Innen 0-Punkt, als der p1. Die 0-Punkte ziehen die p1 oder p2 Punkte nicht zu sich an, sondern sie verlangsamen sie. Wenn aber p1 genau zwischen zwei 0-Punkten sich befinden würde, nehmen wir hier an, dass da die Zeit nicht unendlich schnell läuft, höchstens doppelt so langsam, im Vergleich mit dem Fall eines einzigen 0-Punktes. (Anders wie bei zwei Massen zwischen denen, die Zeit unendlich langsam Läuft). Es ist nur eine Annahme, und es könnte anders sein. Es spielt aber keine Rolle, wenn einer von den zwei oder mehreren 0-Punkten viel näher, als die anderen, sich von P1 oder P2 befindet.

Kurzum, wir ermitteln ehe das $V_2/V_1 = \Delta t_1/\Delta t_2$ aus dem bekanntem Gravitationsgesetz Gesetz als umgekehrt. Neu wird hier allerdings, was wir hier als Ursache für die gravitative Wirkung, halten. Außerdem, wenn wir davon ausgehen, dass der 0 Punkt zwischen der Erde und dem Photon sich mit Lichtgeschwindigkeit oder mit c Geschwindigkeit bildet, stellen wir fest, dass er nicht exakt zwischen den zwei Massen liegt, sondern er eilt dem Punkt, der exakt zwischen der Erde und dem Photon liegt, hinterher. Von daher umso wichtiger, dass wir uns auf das effiziente $\Delta t_1/\Delta t_2$ konzentrieren.

Uns interessieren hier also nicht die Größen Δt_1 und Δt_2 und darüber hinaus V_1 und V_2 einzeln, sondern uns interessiert die Zeitdylatation $\Delta t1/\Delta t2$ und darüber hinaus $V2/V1$ in Abhängigkeit der Entfernung des Photons zum 0-Punkt, und den anderen Größen, eben als Funktion von: r, m_F, M, und Δr. Wir versuchen es also mit folgendem Vorschlag:

$$\Delta t1/\Delta t2 = V2/V1 = f(r) = 1 + k\Delta r/r_1^2$$

Wie wir sehen, ist der Ausdruck für $r = \infty$, oder $r1 = \infty$ gleich 1. Wenn ein Photon weit weg von der Masse ist, und somit der
0-Punkt weit von ihm, gibt es da keine Zeitdylatation, und keine Bahnablenkung des Photons. Wenn das Photon sich aber einer Masse nähert, ist der 0-Punkt immer näher. Und wenn der Abstand der Photonenmitte zu dem 0-Punkt r1 beträgt, ist der Ausdruck $\Delta t1/\Delta t2$ unendlich groß. $\Delta t1$ geht dann zu ∞ und $\Delta t2$ noch nicht, also ist $\Delta t1/\Delta t2 = \infty$. Deswegen muss es hier im Nenner r1 und nicht r stehen.

(Eigentlich kommt es nie dazu, wenn sich nämlich der P1 Punkt dem 0 Punkt nähert, verschiebt sich der 0-Punkt zwangsläufig).

Berechnung von r und r1:

Wenn wir von einer quadratischen Abhängigkeit der Energie von der Entfernung von einer Masse ausgehen, $E_z = kM/R^2$ und darüber hinaus $\Delta t = (k/M)R^2$, berechnen wir den 0-Punktabstand zum Photon wie folgt:

$r^2/(R-r)^2 = m/M$, und für sehr großes R und sehr kleines r, wie in unserem Fall, haben wir:

$m/M \approx r^2/R^2$ und $r^2 = R^2 \times m/M$ oder $r = \sqrt{(m/M)} \times R$

Die potentielle Energie bei Newton ist gleich $E_N=-MG/R$, also wir haben R in der ersten Potenz im Nenner. Die Energie Ez, die die Zeitdylatation verursacht hängt quadratisch von der Entfernung von der Masse ab, also: $E_z=Mk/R^2$. Man kann es so sehen, als wäre die Newton'sche Energie eine sekundiere Konsequenz der Zeitdylatation. Oder wir verzichten auf den Begriff der Zeitdylatationenergie Ez, und belassen es einfach bei der Behauptung: die Zeitdylatation im G-Feld hängt quadratisch von der Entfernung zu Masse ab. Also: $\Delta t=kR^2/M$. Sonst, also mit R statt R^2 kriegen wir kein Newton'sches Gravitationsgesetz daraus.

Wie wir sehen, sieht die Gleichung, die sich auf die Entfernung von der Masse und nicht von dem 0-Punkt bezieht, anders aus, als die: $\Delta t_1/\Delta t_2=1+k\Delta r/r^2$, die die Abhängigkeit der Zeitdylatation von der Entfernung zu 0-Punkt, für zwei Bereiche des Photons in der Nähe des 0-Punktes beschreibt. Bei dem 0-Punkt haben wir eben mit Unendlichkeit die in der Nähe ist, zu tun.

Wir haben also:

$r^2 = m/M \times R^2$

und mit $r = r_1+dr$ oder $r_1 = r - dr$ haben wir:

$r_1^2 = r^2 - 2rdr+dr^2 = m/M \times R^2 - 2\sqrt{(m/M)}Rdr+dr^2 \approx m/M \times R^2$

Und mit:

$\Delta t_1/\Delta t_2=1+k\Delta r/r_1^2$ haben wir:

$\Delta t_1/\Delta t_2=V_2/V_1=1+k\Delta r/m \times M/R^2$

Die Beschleunigung des Photons in Richtung 0-Punkt oder Erdmitte beträgt wie bekannt:

$g = V_L^2/Rk$ und mit:

$1/Rk = (V_1/V_2-1)/\Delta r$ haben wir:

$g = V_L^2 \, Mk\Delta r/(R^2 \, m\Delta r) = kV_L^2/m \times M/R^2$

und mit $G = kV_L^2/m$ haben wir:

$g = GM/R^2$, also das Newton'sche Gravitationsgesetz

(Für $m \approx 10\,e\text{-}40$ beträgt $k \approx 10\,e\text{-}68$, also etwa den Wert von h^2)

In den oberen Ausführungen wurden exakte mathematische Ausdrücke durch Näherungen ersetzt. Für den konkreten Fall, eines sehr kleinen Photons, im Erdgravitationsfeld, mit sehr großen R in Vergleich zu r ist es gut vertretbar. In anderen Fällen, wenn es zwei vergleichbare Größen wären (z. B. zwei Photonen), und oder die Entfernung R vergleichbar zu r oder Δr wäre, würde solche Vorgehensweise gar nicht vertretbar. Das Gravitationsgesetz ist für solche Fälle viel komplizierter.

Die Gravitationskonstante G, wie wir sehen, ist von V_L abhängig. Es ist für hohe Frequenzen des Lichtes nicht von Bedeutung, die V_L Unterschiede im ultrarelativistischen Bereich sind kaum messbar, sofern kann man von konstantem G sprechen. Für kleinere Frequenzen müsste man da Abweichungen bemerken. Wenn wir davon ausgehen, dass die Materie aus hochfrequenten Gammaphotonen besteht, können wir G als konstant bezeichnen.

Möglich wäre es auch, dass die Gravitationskonstante G von Δr abhängt. Wenn wir nämlich die Zeitdylatation Abhängigkeit von r so formulieren:

$\Delta t1/\Delta t2 = 1+k\Delta r^2/r^2$ ist G gleich: $G = k\Delta r V_L/m$

Dies würde die Abhängigkeit der Gravitationskonstante G von V_L noch vergrößern.

Es wurde hier nicht klargestellt, ob es hier die Ruhemasse oder die relative Masse des Photons geht. Im zweitem Fall wäre die Gravitationskonstante noch mehr im Gefahr. Für Materie aus gleichen Gammaphotonen, bliebe G immer konstant. Unterschiede, wären bemerkbar, bei Photonen kleinerer Frequenzen.

Die gravitative Masse eines Elektrons und eines Positrons stammt von den relativen Energien der zwei Gammaphotonen die übrigbleiben würden, nach der Annihilation der zwei Teilchen. Berechnungen:

$m_E + m_P = 2m_Fr = 2m_F \text{Gamma} \approx (14 \times 10\ e\ -51) \times (1{,}4 \times 10\ e20) \approx 2 \times 10\ e-30$

für, $m_F \approx 7 \times 10\ e-51$ und Gamma $\approx f\ 1s \approx 1{,}4 \times 10\ e20$

m_E – Elektronenmasse

m_P – die Positronenmasse

m_F – Photonmasse

m_Fr – die relative Photonmasse

1s – eine Sekunde

(Für relativistisch schnelle Materie sonst, ist die ART zuständig, man kann nicht so einfach die relative Masse eines Körpers als seine neue gravitative Masse nehmen).

Auswertungen

1. Wäre die Materie ausschließlich aus gleichen Photonen und für die Bestimmung der 0 Punkte wären die Ruhemassen der Photonen relevant, hätten wir wirklich konstante Gravitationskonstante für solche Materie.
2. Es spricht einiges dafür, dass die relativen Massen der Photonen hier relevant sind. Die Ruhemasse, also auch seine Gravitationsmasse, eines Elektrons ergibt sich nämlich aus den Ruhemassen und den kinetischen Energien des, dem Elektron zugehörigen, Photon und Neutrino. Also aus den relativen Massen dieser Teilchen. Wir hätten also das Konstante G nur, wenn Materie aus identischen Gammaphotonen und Neutrinos wäre.

Wenn Materie zu ultrarelativistischen Geschwindigkeiten beschleunigt wird, werden die Photonen der Materie auch etwas schneller, dann ändert sich aber nicht G, sondern die relative Masse der Materie? (Die ART regelt es anders als man bei schnellen Teilchen, die relativen Massen in das Gravitationsgesetz von Newton einfach nehmen dürfte).

3. Die Neutrinos – Wenn in der Materie die gleiche Anzahl von Photonen und Neutrinos wäre, könnte man das Durchschnitts G, von den zwei Teilchen für die ganze Materie nehmen.
4. Bei Teilchen mit ungleicher Anzahl von Photonen und Neutrinos, dürfte man mit Unstimmigkeiten rechnen.
5. Es gibt noch zwei andere Neutrinos. Bei Teilchen die aus Photonen und solchen Neutrinos bestehen, dürfte man ebenso mit Unstimmigkeiten rechnen. Man hatte die Unstimmigkeiten dieser Art noch nie gefunden oder gemessen, denn die gravitative Wirkung für die Elementarteilchen sehr klein im Vergleich zu den anderen Kräften ist.

Die Voraussetzungen für das konstante G für die gewöhnliche Materie werden in Gravitationsfeld wohl erfühlt, nicht aber generell, oder wir betrachten das G als konstant, und das Gravitationsgesetz als viel komplizierter. Ideal für das Modell wäre es, wenn ein einziges einheitliches Teilchen gefunden würde (oder ist schon gefunden worden), aus dem alle anderen Teilchen bestehen. (Genaue Ausführungen im Teil 2: „Der Raum und die Zeit").

Die Lage der Photonen

Auf den Zeichnungen sehen wir ein Photon, das sich auf der waagerechten Gerade von rechts nach links bewegt. Dieser spezielle Fall wurde hier behandelt. Die, in der Materie gefangenen, Photonen bewegen sich aber in alle möglichen Richtungen. Die Photonen die in einem Zeitpunkt to senkrecht nach oben oder nach unten sich bewegen, werden eigentlich gar nicht abgelenkt. Der 0-Punkt ist ja im konstantem G-Feld der Erde immer gleich weit von dem Photon, unabhängig davon, ob das Photon 1 m, 1 km oder 100 km von der Erde entfernt ist. Das bedeutet für uns hier, dass das senkrechte Photon sich mit einer konstanten Geschwindigkeit bewegt, auch wenn diese etwas kleiner ist, als wenn da kein 0-Punkt in der Nähe wäre. Die Geschwindigkeit des ganzen! Photons, also des oberen und des unteren Teils von ihm, ist aufgrund der Abhängigkeit der Lichtgeschwindigkeit von der Frequenz etwas kleiner. Kurz um die senkrechten Photonen werden im konstanten Gravitationsfeld viel weniger, oder fast gar nicht, im Vergleich zu den waagerechten Photonen, beschleunigt. Die Photonen deren Bahnen im Zeit to zu einem anderen Winkel zu der waagerechten Gerade stehen, werden eben weniger in Richtung Erdmitte beschleunigt, als die waagerechten Photonen. Das heißt für uns, dass wir für die Bestimmung der Materienbeschleunigung aus gefangenen Photonen die Durchschnittsbeschleunigungsvektoren ihrer Photonen zu nehmen haben. Bei den bisherigen Ausführungen war die Geschwindigkeit $V_L = V_x$. Wenn aber die Photonenbahn unter einem Winkel ϕ zu der Erdoberfläche steht, ist die waagerechte Geschwindigkeit $V_x = V_L \cos\phi$. Also durchschnittliche Geschwindigkeit V_x über alle Photonenlagen, also über alle Winkel von 0 bis 90° beträgt $V_x = (1/0{,}5\pi)V_L$, demnach haben wir:

$G = k\, V_x^2/m = (4/\pi^2)\, k\, V_L^2/m \approx 0{,}5\, G'$

V_x – die (waagerechte) X Komponente der V_L Geschwindigkeit

G – die Gravitationskonstante für die Materie (Photonen in verschiedenen Lagen)

G' – die Gravitationskonstante für die waagerechten Photonen, die bis jetzt hier mit G bezeichnet wurde

Dies bedeutet übrigens hier, dass ein Lichtstrahl in einem freifallenden Aufzug immer noch nach unten abgelenkt würde, denn die durchschnittliche Ablenkung der Aufzug-Photonen kleiner, als die des waagerechten Photons ist. Ein Nachweis für die ganze 0-Punkt Theorie wäre z. B., wenn man die Lichtablenkung im freifallenden Aufzug nachmessen oder ähnliche Messung durchführen könnte.

Es wäre möglich, dass der Durchschnittsablenkungsfaktor einen anderen Wert als $1/0{,}5\,\pi \approx 0{,}7$ annimmt. Die Photonen bestehen eben nicht aus den Punkten p1 und p2, sondern sind viel komplizierter. Ideal für das Modell wäre es, wenn ein einziges einheitliches Teilchen gefunden würde (oder es ist schon gefunden worden), aus dem die Photonen und alle anderen Teilchen bestehen.

Die neue 0-Punkt-Idee eröffnet viele neue Möglichkeiten. Die vielen Möglichkeiten werden hier nicht behandelt und schon gar nicht ausgeschöpft.

Begriffserklärungen

1. Einsteins Aufzug

   Wenn man in einem freifallenden Aufzug ein Lichtstrahl exakt waagerecht quer durch ihn schickt, geht er laut ART waagerecht nur für den Beobachter der im Aufzug auch mitfährt, also ebenso frei fällt. Für einen Außenbeobachter, der auf der Erde steht, wird der Lichtstrahl nach unten abgelenkt. Das war für Einsen der Beweis für die Raumkrümmung im Gravitationsfeld. Gemessen wurde es erst bei Ablenkung der Lichtstrahlen durch die Sonne, bei einer Sonnenfinsternis.

2. Das Planck'sche Gesetz $\Delta t \, \Delta E = h$

   Es ist eine Formel, die sich auf ein Phänomen bezieht, das von Max Planck entdeckt wurde. Es geht dabei um Energieaustausch zwischen Oszillatoren und dem elektromagnetischen Feld. Max Planck entdeckte, dass es nicht kontinuierlich, sondern in Form kleinster Energiepakete, also Quanten, geschieht. Diese Entdeckung gilt als Geburtsstunde der Quantentheorie, und die konstante „h" bezeichnet man als Planck'schen Wirkungsgrad.

In der Quantentheorie ist das Vakuum kein leeres Raum mehr. Es entstehen in ihm Teilchen-Antiteilchen-Paare. Es widerspricht dem Energieerhaltungssatz im klassischen Sinne. Die Formen: $\Delta t\, \Delta E < h/4\pi$ beschreibt, für wie lange Energie, (auch Teichen mit ihrer Ruheenergie) und in welcher Größe, spontan aus dem nichts entstehen darf.

Die kalte Fusion

Im Energiekatalysator von Andrea Rossi kommt offensichtlich zu einer Nickel-Wasserstoff-Fusion. Auch wenn die meisten Physiker es nicht für möglich halten, oder hielten, scheint es so, als würde die kalte Fusion, im Rossis E-Cat tatsächlich stattfinden. Sie wurde auch indirekt experimentell bestätigt.

Indirekt bestätigt bedeutet hier, dass man keine ähnliche nukleare Reaktion im Labor durchgeführt hatte. Man geht aber von einer kalten Fusion aus, denn sonst kann man den gemessenen Energieüberschuss, sowie die Entstehung von Kupferatomen, nicht erklären. Ein 10 kW E-CAT verbraucht ein paar Gramm Nicken und ein paar Gramm Wasserstoff in einem halben Jahr, statt Tonnen von Öl oder Kohle.

Wir können also im Endeffekt sagen: Ein Nickelatomkern fängt einen Wasserstoffatomkern, also ein Proton, ein, wodurch aus dem Nickelatom und dem Proton ein Kupferatom und eine Menge Wärmeenergie entstehen.

Um dies zu erklären, muss man tatsächlich davon ausgehen, dass hier Protonen von den N A Kernen eingefangen werden.

Und das ist hier das größte Problem. Die Physiker halten allerdings solche Kernfusionen in so niedriger Temperatur (mittlerweile unter 1000° C) für ausgeschlossen. Ein Proton trägt nämlich elektrisch positive Ladung. Wird also von dem ebenso elektrisch positiven Kern stets abgestoßen. Das Proton muss zuerst die Coulombsche Barriere überwinden, um von den starken Kräften (1) im Kern gebunden zu werden. Das kann es nur mit einer großen kinetischen Energie, was ungeheuer große Temperatur und/oder Druck bedeutet. In unserer Sonne, wo eine Wasserstoff–Wasserstoff-Fusion (es entsteht Helium) stattfindet, beträgt die Temperatur 10 Millionen Kelvin. Die kinetische Energie der Protonen dabei, reich dort übriges auch nicht aus, um die Coulombsche Barriere zu überwinden. Eine Fusion gescheit in der Sonne denn noch, und zwar auf Grund des Quanten Tunnel Effektes (2). Es kann nämlich für kurze Zeit zur Fluktuation der kinetischen Energie eines Protons kommen. Das Proton kann dadurch die Coulombsche Barriere überwinden, auch wenn seine Durchschnittsenergie zu klein dafür ist. Wir haben aber im Rossis E-CAT Temperatur unter 1000° C. Da hilft auch kein Tunneleffekt, auch wenn die Protonen in der Gitterstruktur dick an einander und bereits nah den Nickelatomkernen platziert sind. Absorption von Wasserstoff gehört nämlich zu den chemischen Eigenschaften des Nickels.

Was hier noch anders als im Sonnenplasma ist, ist die Tatsache, dass Metallatome, die Gitterstrukturen bilden, Eigenschwingungen fortsetzen. Die Energie der Schwingungen kann durch Erhitzen, und oder durch elektromagnetische Wechselfelder, die sie in Resonanzschwingungen bringen, zusätzlich erhöht. Das ist ein Ausweg, den Physiker für die Erklärung der Nickel-Wasserstofffusion sehen.

Die Nickelatomkerne nähern sich also den Protonen, und zwar mit Geschwindigkeit, die, mit Ansetzen des Tunneleffektes, für das Überwinden der Coulombschen Barriere ausreicht. Hier müsste also das N A Kern, die Geschwindigkeit erreichen, die die Wasserstoff Atome bei der thermonuklearen Fusion erreichen. Hier muss man bedenken, dass die positive Ladung des N A K viel größer, als die, des einzelnen Protons ist, was die Sache erschwert.

Betrachten wir doch ein Proton, das in die Nähe eines N A Kerns gelangt. Physiker, die diese Spur verfolgen spekulieren darüber, welchen Einfluss die Nickel-Elektronen dabei haben könnten. Es könnte nämlich sein, dass sie die elektrostatische Wirkung des Kerns abschirmen. Sie könnten das Proton anfangs sogar in Richtung Kern anziehen.

Das Proton kann sich also in Richtung Kern bewegen, und der Kern bewegt sich aufgrund seiner Schwingungen in Richtung Proton, mit seiner maximalen Schwingungsgeschwindigkeit. Wenn es beim ersten Mal mit der Fusion nicht klappt, wird das Proton wenigstens, nachdem es von dem N A K abgeprallt wurde, viel schneller als es war. Irgendwann trifft das Proton wieder auf ein, in seine Richtung, rasendes Kern. Und diesmal, mit einer höheren Eigengeschwindigkeit, auch wenn es unterwegs immer wieder abgelenkt wurde. Sei es von den N A Kernen, auf die er nicht zentral (oder fast zentral) aufprallt, sei es von den Elektronen. Selbst wenn die Geschwindigkeit des Protons bei dem zweiten Aufprall für die Kernfusion nicht ausreicht, wird sie Irgendwann, bei dem nächsten oder übernächsten Mal, ausreichend sein. Die Geschwindigkeit oder Kinetische Energie des Protons wird nämlich bei jedem zentralen oder fast zentralen Aufprall größer.

Man könnte es so zusammenfassen:

Immer höhere Schwingungsenergie der N A Kerne, die in Folge der ständigen Energiezufuhr zunimmt, tragt zu immer höherer Energie der Wasserstoffprotonen bei, bis einige von ihnen die Fusionsenergie erreichen.

Oder anders ausgedrückt: Die Wasserstoffprotonen bremsen die Schwingungen der N A Kerne und gewinnen dabei fortlaufen an kinetischer Energie.

Es kommt hier nicht zur Erhöhung der kinetischen Energie alle Wasserstoff Protonen gleichmäßig, und damit zu keinem Temperaturanstieg auf Millionenhöhe. Es erreichen lediglich wenige Protonen, die Fusionsenergie gleichzeitig. Für uns ist es von Vorteil, denn die wenige schnelle Protonen tragen nicht zum Temperaturanstieg des ganzen Systems, und der ganze Fusionsvorgang geschieht langsamer, und dadurch kontrollierbar.

Die zweite Möglichkeit

Nach einem Zusammenstoß eines Protons mit einem Elektron, kann unter Umständen ein elektrisch neutrales Neutron entstehen. Die Wasserstoff Protonen befinden sich in der Gitterstruktur des Nickels, und kommen in Kontakt mit den Walzelektronen des Nickels. Das kann unter Umständen zu den Proton-Elektron-Zusammenstößen führen.

Es entstehen im Rossis E-CAT außer den Kupferatomen andere Nickelisotopen. Dies kommt zu Stande, wenn die N A Kerne Neutronen fangen. Das ist ein Beweis dafür, dass in der Gitterstruktur Neutronen entstehen.

Was aber hier noch wichtig ist: Die Neutronen sind keine stabilen Teilchen. Sie zerfallen nach durchschnittlich 15 Minuten in ein Proton, ein Elektron und ein Neutrino wieder. Stellen wir uns jetzt ein Neutron vor, das sich in Richtung des N A Kerns bewegt, während der N A Kern auf es zurast, und sie treffen sich im Punkt der maximalen Geschwindigkeit des N A Kerns. Was, wenn das Neutron kurz vor dem N A Kern wieder zerfällt? Wir haben auf einmal in unmittelbarer Nähe von dem N A Kern ein Proton, das bis jetzt von ihm gar nicht abgestoßen wurde, also in Bezug auf den N A Kern viel größere Geschwindigkeit hat, als ein Proton hätte, das von Anfang an ein Proton war. Seine Geschwindigkeit in Bezug auf den N A Kern würde mit Ansetzen des Tunneleffekts für das Überwinden der Coulombschen Barriere eher ausreichen, als die eines ewigen Protons.

Zu einem Neutron kann ebenso ein schnelles Proton, das bereits paarmal abgeprallt ist, werden. Wenn es sich auf dem Weg zum letzten Aufprall ein Elektron fängt und kurz vor dem Ziel erst zerfällt, hat es bessere Chancen, vom Kern als Proton eingefangen zu werden.

Hier sieht man, dass die Wahrscheinlichkeit, dass ein Neutron ausgerechnet an der richtigen Stelle, und im richtigen Zeitpunkt zerfällt, sehr klein ist. Aber selbst wenn das Neutron sich im Zeitpunkt des Zerfalls nicht nahe genug am Kern befindet, wird es von dem Kern abgestoßen, und zwar stärker als das ewige Proton, das nie so nahe dem Kern kommen konnte. So haben wir ein schnelles Proton, dass somit fusionieren kann. Wenn nicht, könnte es wieder ein Elektron fangen und erneut in der Nähe eines Kerns zerfallen. Je schneller ein zerfallendes Neutron beim letzten Aufprall ist, umso weiter vom Kern darf es sich im Moment des Zerfalls befinden, damit es mit N A K fusioniert.

Wir sehen hier, dass sehr viele Bedingungen erfüllt werden müssen, damit ein Proton mit dem N A K fusioniert.

Das ist der Grund dafür, warum gleichzeitig nur wenige fusionieren, was für uns von Vorteil ist, wie schon am Ende des Kapitels: „Die erste Möglichkeit" erläutert.

Daten und Angaben des Erfinders

Leider gibt Andrea Rossi keine ausführlichen Informationen über sein E-CAT preis. Z. B. was der Katalysator ist, und was er bewirkt. Wahrscheinlich trägt der Katalysator dazu bei, dass die Proton-Elektron-Zusammenstöße öfter vorkommen, wenn sich z. B. durch ihn die Wasserstoff-Moleküle H_2 in Wasserstoffatome H verwandeln.

Wird das Ganze nur erhitzt, oder wird es zusätzlich durch ein elektromagnetisches Feld in Schwingungen versetzt?

Solange diese und andere Informationen fehlen, kann man kaum mathematische Berechnungen anstellen. Es wurden hier lediglich Ideen nahegelegt, wie die Nickel-Wasserstoff-Fusion funktionieren könnte, damit diejenigen, die über die nötigen Angaben und Daten verfügen, dies auch physikalisch-mathematisch bestätigen können, dass in dem E-CAT von Rossi tatsächlich eine Wasserstoff-Nickel-Fusion stattfindet.

Was Feuer bzw. der Verbrennungsvorgang eigentlich ist, erklärte man wissenschaftlich erst im 18. Jahrhundert. Dies hinderte den Menschen nicht, das Feuer zu benutzen. Und das seit einer Million Jahren.

Begriffserklärungen

1. Die starken Kräfte

Die starke Wechselwirkung wirkt nur auf kleine Entfernungen zwischen Nukleonen. Im Atomkern haben wir ja dicht nebeneinander positiv geladenen Protonen (natürlich auch Neutronen). Die Protonen stoßen sich da also ab. Der Atomkern müsste eigentlich zerfallen. Die starke Wechselwirkung wirkt auf kleine Entfernungen (so wie die in Atomkern) eben stärker als das elektromagnetische, was den Zusammenhalt der Atomkerne sichert.

2. Der Quanten-Tunneleffekt

Ein Teilchen kann fluktuativ eine Potenzialbarriere überwinden, auch wenn seine Energie geringer als die Potenzialbarriere ist. Es ist eben ein Quantenphänomen, das mit Hilfe der klassischen Physik nicht zu erklären wäre.

Menschen sind Physiker

www.ingramcontent.com/pod-product-compliance
Lightning Source LLC
Chambersburg PA
CBHW050236230526
45470CB00005B/1979